Juliane Sikora

Die Amish People

GRIN Verlag

Bibliografische Information der Deutschen Nationalbibliothek:

Die Deutsche Bibliothek verzeichnet diese Publikation in der Deutschen National-
bibliografie; detaillierte bibliografische Daten sind im Internet über http://dnb.d-
nb.de/ abrufbar.

Impressum:

Copyright © 2006 GRIN Verlag GmbH
Druck und Bindung: Books on Demand GmbH, Norderstedt Germany
ISBN: 978-3-640-86286-3

Dieses Buch bei GRIN:

http://www.grin.com/de/e-book/76704/die-amish-people

Universität Regensburg
Wintersemester 2005/2006
HS Kulturraum USA

Die Amish People

Juliane Sikora

Coverbild: pixabay.com

Inhaltsverzeichnis

1. Die Amish People als Bestandteil des US amerikanischen Kulturraumes

Die Gruppe der heute in den USA ansässigen Amish People fand ihren Ursprung im Europa der Reformationszeit. Die Wurzel Ihrer Glaubensgemeinschaft bilden die so genannten Wiedertäufer, welche sich um 1693 gründeten. Im Laufe der letzten drei Jahrhunderte emigrierten die Amischen nach Amerika, wo sie sich in Form von religiösen Enklaven ansiedelten. Auf deren Lage und Verteilung, sowie die historischen Hintergründe wird in den nachfolgenden Kapiteln näher eingegangen werden. Entscheidend bei der Entwicklung der Amish ist die Tatsache, dass sie sich bis zum heutigen Tag nicht an den angloamerikanischen *Main Stream* angepasst haben. Nach wie vor gestalten die Amish People, welche mit über 100.000 Personen in den USA vertreten sind, ihren Kulturraum gemäß ihrer religiösen, sozialen und wirtschaftlichen Traditionen. Wie sich im Folgenden zeigen wird, weichen diese in teilweise gravierendem Maße von der in den Vereinigten Staaten vorherrschenden Kultur ab (vgl. Vossen, 1992, S. 8). Ziel dieser Arbeit ist es, die Andersartigkeit einer Gruppe, die auf moderne Kommoditäten wie Elektrizität, Fernsehen, PKWs und vieles mehr verzichtet, und ihre Relevanz für die geographische Kulturraumforschung darzustellen.

2. Historische Entwicklung

2.1 Ursprünge der Reformation

Wie bereits eingangs erwähnt entwickelten sich die Amish People oder Amischen aus dem Wiedertäufertum. Hierbei handelt es sich um eine radikale Glaubensgemeinschaft, die sich im Anschluss an die Reformation bildete. Ausschlaggebend hierfür war die „Unzufriedenheit fast aller Gesellschaftsschichten mit den religiösen, politischen und wirtschaftlichen Verhältnissen" (Vossen, 1992, S. 32). Man wandte sich vom Papst als geistigem Führer und dem ausschweifenden Leben der katholischen Würdenträger ab und forderte sittliche Reinheit. Es entstand eine Art Antiklerikalismus. Zudem kam es zur damaligen Zeit zu einer Erstarkung der Städte und Territorialfürsten, zur Schwächung des Kaisers und somit zu einer sozialen und finanziellen Benachteiligung schwächerer Bevölkerungsschichten und insbesondere der Landbevölkerung (vgl. Vossen, 1992, S. 32f.). Die Reformationsbestrebungen Martin Luthers in Deutschland, sowie Ulrich Zwinglis in der Schweiz fielen somit auf fruchtbaren Boden.

2.2 Bestrebungen Ulrich Zwinglis und die Entstehung des Wiedertäufertums

Zwingli kritisierte den Sittenverfall, den verwerflichen Lebenswandel vieler Mönche, das Zölibat und die Einforderung des *Zehnten*, einer Steuerabgabe von 10% des Einkommens an die Kirche. In einer Vielzahl von Schriften und Aktionen wider die weltliche, kirchliche Autorität gewann Zwingli immer mehr Ansehen (vgl. Vossen, 1992, 33f.). Trotzdem kam es im Jahr 1523 schließlich zu einer Spaltung innerhalb der Gefolgschaft Zwinglis. Aus der eher gemäßigten, langsam voranschreitenden Reformationsbewegung unter Zwingli, ging ein radikaler linker Flügel unter der Leitung von Conrad Gebel hervor, welcher die Abschaffung der Messe, sowie der Verehrung von Bildern forderte. 1525 entschied man sich zudem zur Abschaffung der Säuglingstaufe und zur Bekräftigung des Glaubensgelübdes in Form einer Erwachsenentaufe- oder Wiedertaufe. Der Zürcher Rat jedoch belegte diese Widertaufe mit der Todesstrafe, was zur Verfolgung und Hinrichtung vieler Anhänger des *Wiedertäufertums* führte (vgl. Vossen, 1992, S. 35f.).

2.3 Weitere Entwicklung der Wiedertäufer

Aufgrund der lebensbedrohlichen Verhältnisse in der Schweiz, entschieden sich viele Wiedertäufer zur Flucht. Dies führte zu einer Verbreitung dieser Glaubensrichtung in Süddeutschland, Tirol, Österreich und Mähren. Die Verfolgung jedoch nahm kein Ende. Neben diesen äußeren gab es auch innere Diskrepanzen, welche sich in der Frage nach dem Obrigkeitsglauben, dem Einsatz von Waffen, aber auch in verschiedenen Ansichten im Bezug auf die Spiritualität äußerten. Um dieser inneren Krise Einhalt zu gewähren wurde in der Gegend um Schaffhausen im so genannten „Schleitheimer Glaubensbekenntnis" Grundsatzartikel über Taufe, Kirchenzucht, Abendmahl, Absonderung, Prediger, Schwert und Eid festgelegt. Man wendete sich damit ausdrücklich gegen eine volkskirchliche Etablierung der Wiedertäufer und grenzte diese vom Rest der Welt ab (vgl. Vossen, 1992, Ss.36f.).

Parallel dazu entwickelte sich die mächtigere Markgrafschaft Mähren zu einem sicheren Zufluchtsort für viele Täufer. Unter Jakob Huter wurden gemeinschaftlich genutzte Höfe gegründet und das religiöse und wirtschaftliche Selbstbewusstsein gefördert. Man sah sich als das auserwählte, das wahre Volk (vgl. Vossen, 1992, S. 37).

Genauso wie in Mähren und Schaffhausen gab es in verschieden Regionen unterschiedliche Ausprägungen des Täufertums. Von einer einheitlichen Entwicklung kann also nicht ausgegangen werden.

2.4 Entstehung der Amischen

Die Verfolgung der Täufer führte dazu, dass 1640 in Zürich nur noch im ländlichen Raum Täuferbewegungen vorhanden waren. Eine Großgemeinde befand sich im zum Kanton Bern zugehörigen Emmental. Auch hier war es jedoch den ‚Normalbürgern' untersagt, geschäftliche Kontakte zu Täufern zu pflegen. Hieraus ergab sich der Aufbau einer Landwirtschaft nach dem Prinzip der Selbstversorgung. Allerdings wurden Täuferehen als nicht rechtsgültig betrachtet und daraus hervorgegangene Kinder als unehelich eingestuft. Dementsprechend gingen nach dem Tod der Eltern die Höfe in den Besitz des Kantons über. Dies stellte neben den ohnehin vorhandenen, oft lebensbedrohlichen Anfeindungen, eine auf Dauer unerträgliche Situation dar. Die Berner Täufer entschieden sich daraufhin ins benachbarte europäische Ausland auszuwandern (vgl. Vossen, 1992, S. 38ff.).

Unter ihnen war auch Jakob Ammann. Er erweiterte die bereits erwähnten Glaubensrichtlinien durch die Einführung einer strengeren Gemeindezucht und legte „besonderen Wert auf schlichte Kleidung, die vor jeglichem Hochmut bewahren sollte". (Vossen, 1992, S. 40). Die Wiedertäufer, welche sich den Ideen Ammanns anschlossen wurden nach ihrem Anführer als die ‚Amischen' benannt. Als Geburtsjahr der amischen Glaubensgemeinschaft beziffert man das Jahr 1693 (vgl. Vossen, 1992, S. 40).

2.5 Auswanderung in die Vereinigten Staaten von Amerika

Nicht endende Verfolgung und Diskriminierung führte schließlich dazu, dass sich viele Familien für die Emigration nach Amerika entschieden. Dort vorhandenes, mit Ausnahme von indianischen Stämmen, unbesiedeltes Land konnte genutzt werden, um ein neues, unbehelligtes Leben zu beginnen. Schätzungen zufolge wanderten die ersten amischen Siedler um 1710 nach Nordamerika aus, wo sie gemeinsam mit anderen menonitischen Familien in Lancaster County käuflich 4.100 ha Land erwarben. Eindeutige schriftliche Belege gibt es erst seit der Einführung von offiziellen Passagierlisten im Jahr 1727. Zwischen 1737 und 1754 lässt sich ein starkes Ansteigen der Auswanderungsquote feststellen. Insgesamt kamen etwa 700 amische Auswanderer in die neue Welt (vgl. Vossen, 1992, S. 40f.).

Das stetige Anwachsen der in Nordamerika ansässigen amischen Bevölkerung führte zu einer Erstarkung der Gemeindedisziplin, dem Entstehen eines religiösen Selbstverständnisses und, im Zusammenhang mit der starken Familienbindung der amischen Gemeinschaft, der Entwicklung einer eigenständigen amischen Identität. Der

Großteil der Amish People war als Handwerker, Landwirt, Pächter oder Landarbeiter tätig. Einige finanziell weniger gut gestellte Einwanderer waren gezwungen sich als Zwangsarbeiter zu verdingen, wobei das für sie bezahlte Geld meist nur zum Begleichen der Schiffspassage ausreichte (vgl. Vossen, 1992, S. 41). Zudem sah man sich Problemen wie Missernten, Indianerangriffen und ungewohnten klimatischen Bedingungen gegenüber (Ester, 2005, S. 43).

Zwischen 1816 – 1860 kam es zu einer zweiten Einwanderungsbewegung. Man geht von etwa dreitausend amischen Emigranten aus. Diesmal stammten die Wiedertäufer wiederum aus der Schweiz, aber auch aus dem Elsass, aus Lothringen, Bayern, Waldeck, Hessen-Darmstadt, sowie der Pfalz. Hauptziele waren damals die Bundesstaaten Ohio, Indiana, Illinois, Iowa und die kanadische Stadt Ontario (vgl. Vossen, 1992, S. 41). Ein Grund, warum sich viele Amischen im Bundesstaat Pennsylvania niederließen, war die durch William Penn garantierte religiöse Freiheit (vgl. Ester, 2005, S. 42).

3. Religiöses Leben der Amischen Glaubensgemeinschaft

3.1 Glaubensgrundlagen

Das Alte und Neue Testament, das Dordrechter Bekenntnis, sowie eine von amischen Glaubensbrüdern verfasste ‚Ordnung' oder Auslegung dieser Schriften stellen die wichtigste Grundlage der amischen Religion dar.

Abb. 1: Das Dordrechter Glaubensbekenntnis

<table>
<tr><td>

Der vornehmsten Artikel unseres allgemeinen Christlichen Glaubens,

Wie dieselben in unserer Gemeine durchaus gelehret und belebet werden.

Artikel 1: Vom Glauben an Gott, von der Schöpfung des ersten Menschen und aller Dinge

Artikel 2: Von der Übertretung des göttlichen Gebots durch Adam.

Artikel 3: Von der Wiederaufrichtung und Versöhnung des menschlichen Geschlechts mit Gott.

Artikel 4: Von der Zukunft unseres Erlösers und Seligmachers Jesu Christi.

Artikel 5: Von der Einsetzung des Neuen Testaments durch unseren Herrn Jesu Christum.

Artikel 6: Von der Buße und Besserung des Lebens.

Artikel 7: Von der heiligen Taufe.

Artikel 8: Von der Gemeinde Gottes.

Artikel 9: Von der Erwählung der Diener in der Gemeinde.

Artikel 10: Vom hochwürdigen Abendmahl des Herrn.

Artikel 11: Vom Fußwaschen.

Artikel 12: Vom heiligen Ehestand.

Artikel 13: Von der Obrigkeit.

Artikel 14: Von der Rache und Gegenwehr.

Artikel 15: Vom Eide und Eidschwören.

Artikel 16: Vom Bann oder Absonderung von der Gemeinde.

Artikel 17: Wie die Gebannten und Abgesonderten von der Gemeinde zu meiden.

Artikel 18: Von der Auferstehung der Todten.

</td></tr>
</table>

Man darf jedoch nicht außer Acht lassen, dass sich die amische Glaubensgemeinschaft auf der Basis des Laienpriestertums weiterentwickelt. Eigene theologische Forschungsansätze gibt es ist nicht. Daher spielen lediglich mündlich überlieferte Glaubensrichtlinien eine bedeutende Rolle. Die strikte Ablehnung technischer Innovationen ist nur eines von vielen Phänomenen, welches auf mündlich weitergegebenen Traditionen beruht. In der Bibel finden derartige Verhaltensweisen keine Basis. Stößt man einmal auf Widersprüchlichkeiten und verlangt dann nach Erklärungen, kann es passieren, dass man mit der Aussage „Amish don't do that" kategorisch abgefertigt wird (vgl. Vossen, 1992, S. 96). Tatsache ist, dass die so genannte Ordnung Einfluss auf den religiösen, wirtschaftlichen und sozialen Bereich des amischen Lebens ausübt. Profanes und sakrales Leben verschmelzen und es entsteht ein Selbstverständnis, das durch Segregation und Herausgehobenheit gekennzeichnet ist. Indem man den eigenen Willen und sein Leben den göttlichen Geboten unterordnet und sich demütig verhält gelangt man zur Erlösung (vgl. Vossen, 1992, S. 96f.).

Der amische Glauben kann als totalitär bezeichnet werden, da er auf alle Bereiche des Lebens Einfluss nimmt. Ester (2005, S.58) spricht hier von der holistischen Prägung des amischen Mikrokosmos, welcher Arbeit, Ehe, Erziehung, Kirche, soziale Beziehungen und den Umgang mit der Welt umfasst. Abbildung 2 zeigt die einzelnen Entwicklungsstufen des religiösen Eingliederungsprozesses der Amischen.

Abb. 2: Der amische Entwicklungsprozess bis zur Taufe

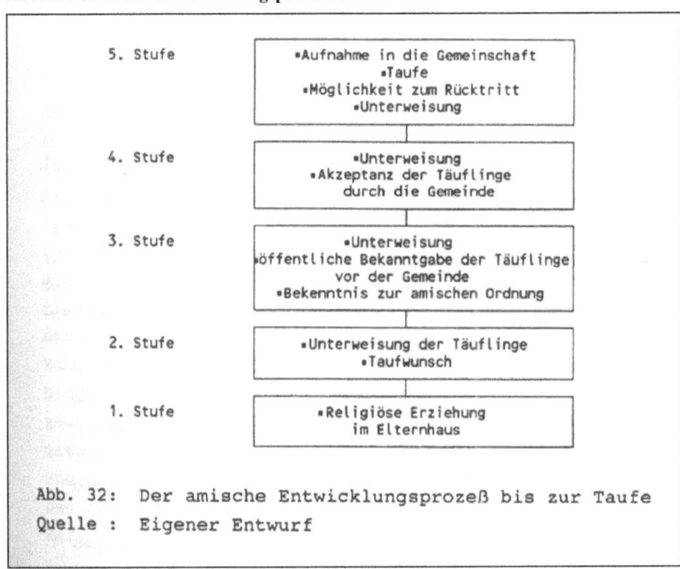

3.2 Geographische und Kulturelle Segregation

Jakobus 4,4 besagt, dass „wer der welt Freund sein will/der wird Gottes feind sein" (Ester, 2005, S.59). Um die oben beschriebenen Glaubensregeln ausnahmslos zu befolgen, wird es also notwendig, dass die Amischen eine geographische als auch kulturelle Distanz zwischen sich und den 'Anderen' schaffen. Es ist ihnen daher nicht gestattet, außerhalb ihrer Konfession zu heiraten beziehungsweise engere (geschäftliche) Beziehungen aufzubauen. Eine vorgeschriebene Kleiderordnung, ein eigenes Schulsystem, der Verzicht auf Elektrizität und bestimmte Produkte wie Gummireifen gehören genauso zum amischen Leben, wie das eingeschränkte Angebot an akzeptierten Berufen. Von Annehmlichkeiten wie TV Geräten, Radio, Telefon und Internet macht man keinen Gebrauch, da sie eine Verbindung zur Außenwelt darstellen und einen negativen Einfluss auf den Zusammenhalt der Gemeinschaft haben könnten. Vergeltung, militärischer Dienst und gerichtliche Auseinandersetzungen haben bei den Amischen, die sich zur Wehrlosigkeit bekennen, keinen Platz (Vgl. Vossen, 1992, S. 98).

Alle diese Maßnahmen führen natürlich auch dazu, dass nicht-konforme Glaubensbrüder und -schwestern mit dem Gemeindebann belegt werden. Aufgrund der von Kindheit an praktizierten Lebensweise fällt es ihnen dann trotzdem schwer, sich im Sozialgefüge der Außenwelt zurechtzufinden. Dementsprechend erfüllt die amische *Ordnung* eine wichtige Aufgabe: Sie „bewahrt einerseits das einzelne Mitglied vor einem zu schnellen, unüberlegten Schritt in eine andere Gesellschaftsform [...] und ist andererseits durch die weitgehende Ablehnung von Innovation der Garant für die Erhaltung einer etwa 250 Jahre andauernden Tradition" (Vossen, 1992, S. 99).

Das freiwillige Taufgelübde im Erwachsenenalter bestätigt die totale Hinwendung zum Glauben. Etwaige 'Entgleisungen' und Freiräume während der Jugendzeit sind ab diesem Zeitpunkt nicht mehr geduldet. Die Austrittsrate bei den Amischen liegt gegenwärtig unter 10 Prozent. Die Tendenz dieses Wertes ist sinkend, was sich unter anderem durch eine flexiblere Kirchenpolitik und eine größere Akzeptanz der Außenwelt gegenüber den Amish People begründen lässt. Das Profil der dennoch ausgetretenen Amischen umfasst zumeist folgende Eigenschaften: unverheiratet, in der Nähe einer Stadt lebend, Mitglieder, die eine öffentliche, nicht-amische Schule besuchten (vgl. Ester, 2005, S.61f).

Oftmals wird der Begriff Sekte mit religiös zentrierten Gruppen, die ihr eigenes Leben dem Glauben unterordnen und den Religionsdeterminismus als Lebensform gewählt haben, assoziiert. Laut Ester (2005, S.55) ist eine Sekte eine „religiöse Gruppierung, die sich bestehenden religiösen Werten und normen und sozialen Instanzen widersetzt, welche im weiteren gesellschaftlichen Umfeld dominieren, und die in der eigenen Lehre nach Vollkommenheit strebt". Allerdings muss man feststellen, dass die Konnotation des Begriffes Sekte durchwegs negativ ist. Setzt man den Begriff mit dem der weniger negativ assoziierten *Freikirche* in Relation, so kommt Merk (1986, S. 39ff) zu folgendem Schluss: Die Freiwilligkeit, welche der Amischen Glaubensgemeinschaft aufgrund der Erwachsenentaufe zugrunde liegt, klassifiziert diese als Freikirche, also als nicht institutionalisierte Kirche. Von Sekte im negativen Sinne kann man nicht sprechen, da es „keine Amish-spezifische Sektenstruktur, keinen Oberhirten, keine Sektenorganisation, wie sie etwa die Mennoniten haben" (Merk, 1986, S. 41) gibt. Ester (2005, S. 56) schlägt daher vor, die Amischen als „ethnisch-religiöse Subkultur zu umschreiben [...] die sich durch deutlich sichtbare religiöse, soziale und kulturelle Bräuche unterscheidet".

Eine Art Segregation wird auch abtrünnigen Gemeindemitgliedern zuteil. Man spricht in diesem Fall von Bann oder Exkommunikation. Grundsätzlich wird diese Maßnahme ergriffen, falls ein Amischer gegen die *Ordnung* verstößt. Dabei können der Besitz eines Autos oder Telefons bereits als Grund für die Verbannung gelten. Man muss sich jedoch vor Augen halten, dass es für viele Neuerungen noch keine klaren Absprachen gibt, weshalb man in manchen Übertretungsfällen Nachsicht übt. Dies bedeutet, dass von den vorhandenen vier Sanktionsstufen eine mildere gewählt wird. Die Bestrafungen reichen von privater Abmahnung über eine öffentliche Beichte während des Gottesdienstes bis hin zum Bannspruch für sechs Wochen. Die Exkommunikation erfolgt dann, wenn ein Gemeindemitglied eine Todsünde, wie beispielsweise Ehebruch, begangen hat. Die sozialen und wirtschaftlichen Folgen sind in diesem Fall drastisch. Man darf unter anderem mit der ausgestoßenen Person keine Geschäfte mehr machen und nicht mehr gemeinsam in einem Buggy sitzen. Jegliche Kommunikation und Interaktion wird auf ein Minimum beschränkt. Nur durch enorme Bemühungen und öffentliche Schuldbekenntnis ist die Exkommunikation revidierbar (vgl. Ester, 2005, S.72ff).

3.3 Organisation innerhalb der Glaubensgemeinschaft

Die Amish People leben in kleinststrukturellen, nicht hierarchischen Einheiten deren oberste religiöse Instanz der Gemeindedistrikt darstellt. Die Distrikte sind eigenverantwortlich und höchstens im Geiste durch das Prinzip der *Full Fellowship* mit anderen Gemeinden verbunden. In diesem Fall sind auch gemeinsame religiöse Zeremonien gestattet. Die geistige Instanz BMMD setzt sich im Idealfall aus einem Obersten, dem *Bishop*, zwei *Ministern* und einem *Deacon* zusammen. In manchen Fällen nimmt ein Gemeindediener seine Aufgabe parallel in mehreren Gemeinden wahr. Alle Gemeindediener werden in gemeinsamen Versammlungen vorgeschlagen, schließlich per Losverfahren ermittelt und behalten diese Position ein Leben lang. Bei allen drei Positionen handelt es sich um Laienämter (Vgl. Vossen, 1992, S. 99ff).

Die Predigt erfolg grundsätzlich auf Basis des gesprochenen Wortes und auf Amisch Deutsch. Von den Amischen verfasste schriftliche Glaubenswerke gibt es nicht. „Für amische Männer, die nur über eine grundlegende Schulbildung verfügen, bedeutet dies eine große Anstrengung und Belastung" (Vossen, 1992, S.107).

Alle vierzehn Tage finden Gemeindetreffen und Gottesdienste statt. Als Versammlungsort dienen die eigenen Häuser, wobei jedes Mal ein anderer Glaubensbruder seine Räumlichkeiten zur Verfügung stellt. Um Platz und eine religiöse Atmosphäre zu schaffen, räumt man Möbel zur Seite beziehungsweise entfernt Trennwände zwischen den Räumen. Oftmals bringen die einzelnen Familien ihre eigenen Sitzgelegenheiten mit. Männer, Frauen und Kinder sitzen getrennt während des dreieinhalb bis vier Stunden andauernden Gottesdienstes. Man singt Hymnen, betet und gibt Zeugnis über seinen Glauben ab. Im Anschluss an den Gottesdienst werden in einer Versammlung aktuelle oder wichtige Themen diskutiert. Nach einem gemeinsamen Mittagessen, welches von den Frauen gemeinsam zubereitet wird, widmet man sich Freundschaftsbesuchen, um dann am späten Nachmittag nach Hause und zu seinen Pflichten zurückzukehren (vgl. Tortora, 1967, S.3).

3.4 Abspaltungen während den letzten 250 Jahren

Um die Kohäsion der Gemeinschaft zu stärken, wurde die *Ordnung* detaillierter festgelegt. Das Streben nach moralischer Autorität führte aber immer wieder zu Spannungen und es kam zu einer Spaltung in eine eher reformfreudige und eine stark konservative Gruppe. Letztere bemühen sich seit 1862 durch das Abhalten von *Diener-Konferenzen* um die Einhaltung und Bewahrung alter Traditionen. 1877 beispielsweise wurden die Meinungsverschiedenheiten so unüberwindbar, dass es zu einer endgültigen, auch räumlichen, Trennung in die konservativen *Old Order Amish* und die *Amish Mennonites*. Letztere gingen bald in die Gemeinschaft der Mennoniten über und gaben große Teile ihrer Kultur, ihres Lebensstils und ihrer Identität auf (Ester, 2005, S. 47ff.). Im Laufe der Jahre kam es immer wieder zu vor allem religiös motivierten Konflikten, welche zu weiteren Abspaltungen innerhalb der Amischen Gemeinschaft führten. Abbildung 3 zeigt die Spaltungsvorgänge seit Gründung der Amischen Alter Ordnung.

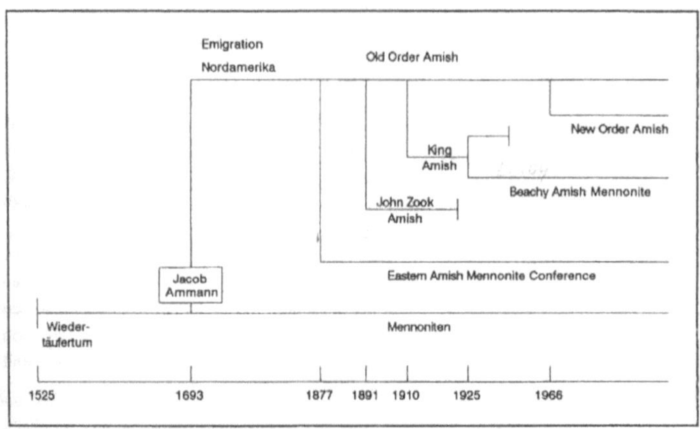

Abb. 4:   Spaltungen innerhalb der Amischen Alter Ordnung
Quelle: Erstellt nach S. SCOTT 1975

4. Der Alltag der Amish People

Der Alltag der Amish People ist in allen Bereichen durch einen Begriff geprägt: die *Gelassenheit*. Diese findet sich im persönlichen, sozialen, kulturellen und religiösen Leben wieder und bezieht sich ganz allgemein auf das Verhalten und die Einstellung der Amischen. Sie äußert sich sowohl in ihrer Körpersprache als auch in der Kommunikation. Jedes Gemeindemitglied hat natürlich seine individuelle Verhaltensweise und die Ausprägung dieser Eigenschaft variiert. Der Unterschied zwischen einem Amischen und der Außenwelt ist in dieser Hinsicht jedoch unverkennbar (Ester, 2005, S.79).

Grundsätzlich ist die Amische Existenz sehr eng mit dem Tages- und Jahresrhythmus der bäuerlichen Tätigkeit gekoppelt. Das Versorgen der Tiere, die Bestellung der Felder und die im Haus anfallenden Arbeiten stehen im Vordergrund. Aufgrund der geographischen und sozialen Nähe der Gemeinschaft wachsen die Kinder, welche oft in großer Zahl vorhanden sind, behütet auf. Einrichtungen wie Tagesstätten und Kindergarten sind nicht notwendig (Ester, 2005, S.88).

4.1 Bekleidung

Kleidung dient der Identitätsbildung und -bewahrung. Bei den Amish People gibt es zum einen grundlegende, verbindliche Regelungen bezüglich der Bekleidung. Zum anderen gibt es Kleidungsstücke, die nicht speziell festgelegt sind, sich im Allgemeinen aber an den amischen Vorstellungen orientieren sollen. Insgesamt dient die Kleidung zur Abgrenzung, zum Schutz von der Außenwelt und natürlich zur Stärkung der Gruppenkohäsion. Zur Bekleidung der Frau (vgl. Abb. 4) gehören eine Haube, eine feste Kopfbedeckung, das so genannte Bonnet, Kleid, Schürze, Schulterkragen, Jacke, Umhang, Strümpfe und Schuhe. Farbliche Details und Verarbeitung der Hauben variieren je nach Status, Alter und danach, ob die Frau verheiratet oder unverheiratet ist. Als Beinkleid dienen in der Regel schwarze Schnürschuhe oder -stiefel, wobei junge Menschen mehr und mehr Gefallen an Turnschuhen finden. Üblicherweise haben Frauen langes Haar, wobei die älteren Knoten und die jüngeren manchmal auch Zöpfe tragen (vgl. Vossen, 1992, S. 158ff).

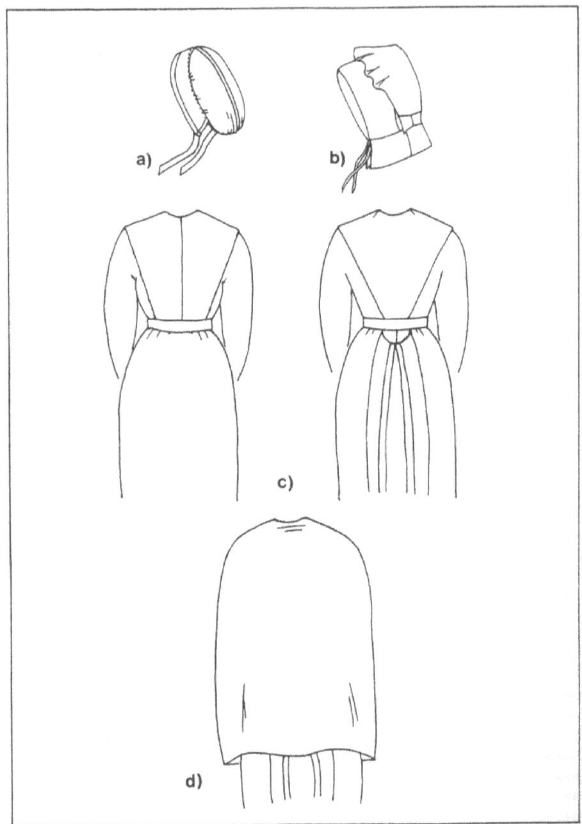

Abb. 33: Amische Frauenkleidung: a) Haube b) "bonnet" c) Kleid mit
          Schulterkragen und Schürze (Vorderseite - links, Rückseite -
          rechts) d) Umhang
Quelle : Eigener Entwurf in Anlehnung an ST. SCOTT 1986

Das männliche Outfit (vgl. Abb. 5) umfasst Hemd, Hose, Jacke, Weste, Hut, Mantel und Schuhe, wobei die Bekleidung nicht so prägnant ist, wie die der Frauen. Für amische Männer besteht zu jeder Zeit Hutpflicht. Auch bei den Männern ist es die Kopfbedeckung, in diesem Fall die Breite der Hutkrempe, welche Auskunft über Status und Alter gibt. Das Haar wird lang getragen und soll die Ohren überdecken. Im Anschluss an die Hochzeit sind die Männer verpflichtet, sich einen Bart wachsen zu lassen (vgl. Vossen, 1992, S. 161ff).

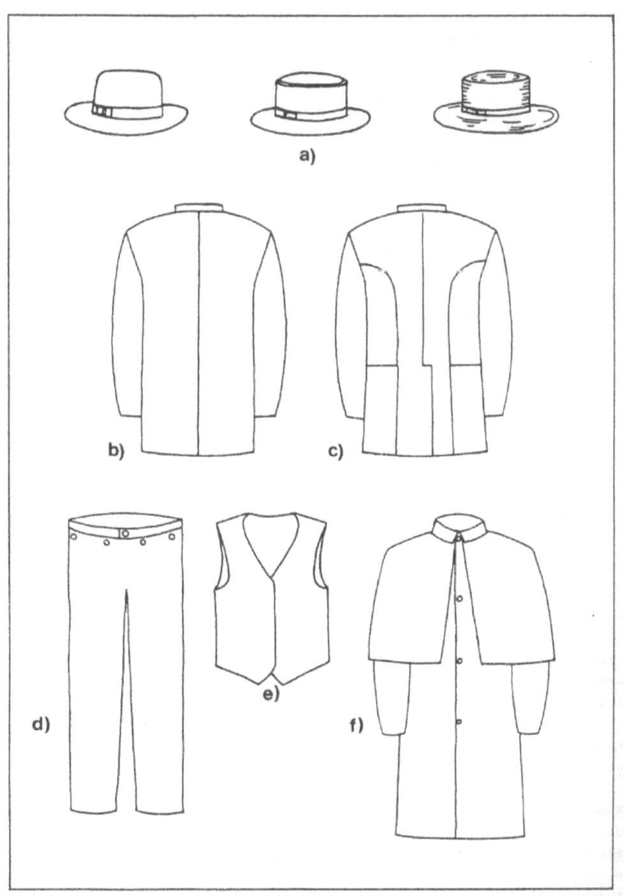

Abb. 34: Amische Männerkleidung a) Hutformen b) "wamus" c) Frackjacke
d) Hosen e) Weste f) Radmantel
Quelle : Eigener Entwurf in Anlehnung an ST. SCOTT 1986

Der Großteil der Kleidung wird von hauptberuflichen amischen Schneidern hergestellt. Bei fast allen Kleidungsstücken kommt die so genannte Gebrauchshierarchie zum Tragen. Sollte etwas für den Gottesdienst nicht mehr gut genug sein, kann es einfach im Alltag oder schließlich zur Feldarbeit weiterverwendet werden (vgl. Vossen, 1992, S.165). Neben Alter und Status lässt sich durch die Kleidung erkennen, „ob ein Gegenüber eine konservative oder progressive geistige Haltung vertritt" (Vossen, 1992, S. 167). Es ist bewusst gewollt, dass die soziale Herkunft und der finanzielle Status nicht aufgrund der Kleidung zu bestimmen ist. Auf diese Weise werden Gefühle wie Neid oder Missgunst vermieden. (Vgl. Vossen, 1992, S. 167),

4.2 Sprache

Die Amischen Alter Ordnung sprechen *Pennsylvania German*. Hierbei handelt es sich um einen aus dem pfälzischen Rheintal importierten Dialekt. Es lässt sich jedoch feststellen, dass Englisch immer mehr an Bedeutung gewinnt. Englische Wörter werden dabei einfach in den deutschen Satz integriert. Der pfälzische Dialekt findet vor allem im Familien- und Gemeindekreis Anwendung. Im religiösen Umfeld kommt das Lutherdeutsch aus der Bibelübersetzung zur Anwendung. Durch ihre eigene Sprache gelingt es den Amischen, historische tradierte Werte und Erfahrungen zu bewahren. Die sprachliche Realität prägt dabei sowohl Denken als auch Geisteshaltung der Amischen. Sprachliche Innovationen gibt es kaum (vgl. Vossen, 1992, S. 167 ff).

4.3 Transportmittel und andere Innovationen

Das wohlbekannte Haupttransportmittel der Amischen, nämlich der Buggy, ist zugleich kulturelles Symbol (Ester, 2005, S.79).Vor Beginn der Fordschen Fließbandproduktion des Autos im Jahre 1908 galten Kuschen und Pferde als legitime Fortbewegungsmittel. Zur damaligen Zeit waren die Anschaffungs- und Betriebskosten eines PKWs jedoch zu hoch für die Amish People und daher stellte sich die Frage, ob der Besitz eines Autos erlaubt wäre erst gar nicht. Die Massenproduktion von Autos in der Nachkriegszeit ermöglichte es mehr und mehr Bürgern einen eigenen PKW zu kaufen. Im Gegensatz zu den Beach Amish verboten die Old Order Amish Nordamerikas den Erwerb und Besitz eines Autos. Um sicher zu stellen, dass sich alle Gemeindemitglieder an diese Regelung hielten, wurde dieser Beschluss in die *Ordnung* aufgenommen. Hauptgrund für das Verbot war die Tatsache, dass Innovationen wie das Auto für Luxus stehe und daher nicht mit dem einfachen Leben der Amish vereinbar sei. So blieb es bei den herkömmlichen Fortbewegungsmöglichkeiten: zu Fuß gehen oder Buggy fahren. An dieser Stelle ist hinzuzufügen, dass man auf die Einheitlichkeit und Schlichtheit der Buggies großen Wert legt, um die Uniformität der Gemeinde sicherzustellen. Zudem wird der Kontakt nach außen erschwert (vgl. Weber, 1996, S. 276ff). Allerdings ist in bestimmten Fällen der Gebrauch von Autos, Bussen, Lastwagen oder Zügen gestattet, solange die Amischen diese nicht selbst steuern. Ausnahmefälle sind beispielsweise Umzüge, der Transport von Waren zu weiter entfernten Märkten oder der Besuch weiter entfernt lebender Verwandter. Flugzeuge dürfen nur bei medizinischen Notfällen verwendet werden. (vgl. Weber, 1996, S. 279f). Was das Telefon anbelangt, so gibt es oft gemeindeeigene Apparate und natürlich öffentliche Telefonzellen in den Städten. In den Familienhäusern darf man bei den traditionellen Old Order Amish keine Telefone nützen. Elektrizität und damit auch jegliche elektrisch betriebenen Geräte gibt es in den amischen Gemeinden nicht, da sie jegliche Stromverbindung mit der Welt ablehnen (Weber, 1996, S.282ff). Traktoren dürfen hauptsächlich aus beschäftigungspolitischen Gründen nicht verwendet werden und nicht, weil diese als Statussymbol oder Luxus angesehen werden könnten. Man sieht sie als „Bedrohung des kollektiven Wertesystems der Amischgemeinde" (Weber, 1995, S.287). Man erreicht durch das Verbot Vollbeschäftigung.

Abb. 6: Amischer Buggy und Pferd

Allgemein lässt sich feststellen, dass die Amischen Innovationen nicht einfach nur desinteressiert hinnehmen. Im Gegenteil befasst man sich mit ihnen und entscheidet dann bewusst, welche Neuerungen mit dem Glauben vereinbar sind und welche eben nicht (vgl. Ester, 2005, S.139).

Manche Innovationen mussten allerdings aufgrund von rechtlichen Vorschriften durch die amerikanische Regierung akzeptiert werden. So zum Beispiel, wenn es um Sicherheit oder Umweltschutz geht: Reflektoren für die Buggies, Kühltanks für die Milchlagerung oder Sozialversicherungsprämien für Amische, die in Nicht-amischen Betrieben angestellt sind nur einige Beispiele für diese Entwicklung (vgl. Ester, 2005, S.140).

4.4 *The Home* – Das Haus als multifunktionaler Begegnungsort

Das Haus oder Zuhause stellt einen elementaren Bereich der amischen Kultur dar. Hier werden Kinder geboren, Gottesdienste abgehalten, Heiratszeremonien vollzogen, und Beerdingungen zelebriert (vgl. Tortora, 1967, S.2). Abbildung 7 zeigt eine traditionelle amische Farm.

Abb. 7: Traditionelle amische Farm

Die Einrichtung ist eher spärlich und auf Funktionalität ausgerichtet. Bilder, Gemälde oder Vorhänge gibt es nicht. Lediglich Gebrauchsgegenstände wie Vasen, Glaser, Teppiche oder Kissen dürfen farbige Muster haben, da sie neben der dekorativen auch eine nützliche Funktion erfüllen (vgl. Tortora, 1967, S.2).

Die Haupträume werden mit Kohle, Holz oder Ölöfen beheizt und für die Beleuchtung verwendet man Gaslampen. Die Sanitäranlagen befinden sich außerhalb des Hauses unn müssen mit manuellen Pumpen betrieben werden. Im Haus gibt es lediglich in der Küche fließendes Wasser, welches durch Wasser- oder Windkraft erzeugte Energie ins Haus gepumpt wird (vgl. Tortora, 1967, S.2).

Amische Häuser werden nur sehr selten weiterverkauft. In der Regel verbleiben Sie in der Familie und werden immer vom Vater an das jüngste Kind oder das, welches zuletzt sich zuletzt verheiratet weitergegeben. Oftmals sind Anbauten vorhanden, in denen die Altenteiler leben und versorgt werden. Das innerfamiliäre soziale Netz macht somit Altenheime und Pflegeeinrichtungen unnötig (vgl. Tortora, 1967, S.2).

Aufgrund religiöser Bestimmungen haben die Amischen weder Lebens- noch Feuerschutzversicherungen. Sollte an einem Haus doch einmal zu Schaden kommen, so

ist es Aufgabe der gesamten Gemeinde dieses wieder aufzubauen. Anfallende Kosten für Holz und Baumaterialien werden gemeinschaftlich finanziert. Man versichert sich also gegenseitig (vgl. Tortora, 1967, S.15). Allen Hilfsmaßnahmen wird das Bibelwort „Einer trage des anderen Last, so werdet ihr das Gesetz Christi erfüllen" zugrunde gelegt (vgl. Rhein Zeitung Online: Die Amischen. „Narren Gottes" oder letzte ehrliche Christen?. Online im Internet:
http://rhein-zeitung.de/old/97/06/03/topnews/amisch.html. Stand: 14.09.2005).

4.5 Integration in die amerikanische Kultur

Trotz ihrer offensichtlichen Andersartigkeit sind die Amish People Teil des Kulturraumes USA und dadurch auch immer wieder von politischen Entscheidungen betroffen. Hierzu gehört beispielsweise auch die Involvierung der USA in kriegerische Auseinandersetzungen. Nun ist jedoch die amische Kultur von absoluter Gewaltlosigkeit geprägt. Hier, wie auch in vielen anderen Bereichen des alltäglichen Lebens hat man den Amischen Zugeständnisse gemacht. Anstatt in der Armee zu dienen, dürfen sie in Krankenhäusern und anderen sozialen Einrichtungen helfen (Ester, 2005, S. 52).

Da Entscheidungen bei den Amish People auf Gemeindeebene getroffen werden, gibt es keine formelle nationale Instanz, welche die Interessen der Amischen vertritt. Daher gründete man in der Nachkriegszeit das *National Amish Steering Committee*. Es nimmt eine Mittlerposition zwischen den Amischen und dem US-amerikanischen Staat ein. Seine Vertreter bilden eine Art Sachverständigenrat, der sich mit Fragen des Schulwesens, der sozialen Sicherung und der Gesetzgebung auseinandersetzen (Ester, 2005, S. 53 f.)

4.6 Freizeitgestaltung

Trotz ihres hohen Arbeitsethos spielt bei den Amish People die Freizeitgestaltung eine wichtige Rolle. Sehr häufig wird diese gemeinsam mit der Familie oder mit Freunden verbracht. Man besucht sich gegenseitig und tauscht Neuigkeiten aus. Auch das Lesen von amischen Zeitungen und Magazinen, wie *TheBudget*, *Die Botschaft*, *The Young Companion* oder *Family Life*, ist sehr beliebt. Die Artikel beschäftigen sich oft mit alltäglichen Ereignissen rund um den Kirchenbezirk, Tipps zur Landwirtschaft, Erntebericht und natürlich mit der Wetterlage. Die Freizeitgestaltung ist Ausdruck einer „kollektiv gelebten Identität" Ester, 2005, S.91).

5. Die verschiedenen Lebensphasen und ihre Bedeutung

5.1 Schulische Bildung

Die Schule gehört zu den wichtigsten Sozialisationsinstanzen im Leben junger Amish People. Schulbildung an staatlichen Schulen wird aufgrund der hier vermittelten weltlichen ‚Weisheit' und des vorherrschenden Wettbewerbsdrucks von dem Amischen abgelehnt. Dies führte in der Vergangenheit zu Bildungskontroversen und Auseinandersetzungen mit dem Staat (vgl. Ester, 2005, S.50f). Seit 1972 sind die amischen Kinder von der allgemeinen amerikanischen Schulpflicht befreit (vgl. Ester, 2005, S.93). Die primäre Funktion der amischen Schulbildung ist nicht Bildung im engeren Sinne, sondern die Schaffung einer Lernumgebung, die der amischen Kultur entspricht und ihr förderlich ist. Der gesamte Sozialisationsprozess ist auf die Partizipation am Leben der Gemeinschaft ausgerichtet, wobei Unterwürfigkeit, einfache Lebensweise und das Befolgen des Willen Gottes die wichtigsten Elemente der Schulbildung darstellen (Hosteler, 1970, S.9). Ziel der schulischen Ausbildung ist es, den Kindern ein intensives Gruppengefühl, die Liebe zur Religion und eine Indifferenz bezüglich der Realität außerhalb der amischen Gemeinschaft zu vermitteln. Schulpflicht besteht ab dem sechsten Lebensjahr, wobei die amischen Kinder mindestens sieben Stunden pro Tag am Unterricht teilnehmen sollen. Insgesamt beläuft sich die Schulzeit auf acht Jahre. Indem alle Altersgruppen im gleichen Klassenraum unterrichtet werden möchte man erreichen, dass sich die Kinder, auch aufgrund der ähnlichen Einrichtung, eher zu Hause fühlen und, aufgrund der geographischen Nähe zum Elternhaus und der Anwesenheit befreundeter Nachbarskinder, innerhalb ihres gewohnten Umfeldes ausgebildet werden. Eine weitere wichtige Komponente ist das Tutorenprinzip, bei dem ältere Schüler den Jüngeren unterstützend zur Seite stehen (vgl. Tortora, 1967, S.5f). Allgemein lässt sich feststellen, dass das Erlernen praktischer Fähigkeiten in der amischen Schulausbildung eine sehr wichtige Rolle spielt. Insgesamt gibt es in den USA mehr als 900 amische Schulen, welche im Durchschnitt von 30 Schülern der Jahrgangsstufen 1- 8 besucht werden. Die Lehrer entstammen der amischen Gemeinde. Sie verfügen über keine spezielle Ausbildung und haben selbst nicht mehr als die achtjährige Schulzeit absolviert. Ordnung, Disziplin, Aufrichtigkeit und Gehorsam werden von Lehrern und Schülern gleichermaßen als Selbstverständlichkeit angesehen. Auf dem Lehrplan stehen neben praktischen Tätigkeiten, Englisch, Lesen, Schreiben, Rechnen, etwas Geschichte und Erdkunde, sowie Deutsch. Naturwissenschaftliche

Fächer, sowie Sexualkunde sind nicht vorgesehen. Unterrichtssprache ist Englisch (vgl. Ester, 2005, S.93).

5.2 Die Adoleszenzphase

Jugendlichen wird in der amischen Gemeinde ein höheres Maß an Freiraum gestattet, als dies in anderen Lebensphasen der Fall ist. Sie sollen mit weltlichen Verlockungen in Kontakt kommen, um sich dann geläutert für ein Leben im amischen Sinne zu entscheiden. Mit 16 Jahren erhalten die Jungen einen Buggy und ein Pferd, was ihnen ein großes Maß an Freiheit bietet. Gesetzesüberschreitungen wie Rauchen, Kinobesuche, modische Kleidung, das Tragen einer Uhr, das Besuchen von Parties oder Auto fahren sind durchaus üblich und werden von der Gemeinschaft geduldet. Allerdings nur so lange wie sie mit einem gewissen Maß an Heimlichkeit stattfinden. Auch die Formierung von Jugendgangs findet großen Anklang. Zu den bekanntesten zählen die *Bluebirds*, *Cabaries*, *Pine Cones*, *Drifters*, *Shotguns* oder *Quakers*. Im Jahr 1998 wurden sogar zwei amische Drogendealer verhaftet – ein Vorfall, der großes Aufsehen innerhalb und auch außerhalb der amischen Gemeinde erregte. Die Erwachsenentaufe stellt schließlich das Ende dieser Lebensphase, sowie eine bewusste Entscheidung für den traditionellen amischen Lebensstil dar (vgl. Ester, 2005, S.96f.).

5.3 Erwachsene und die Familie

Kontakte zum anderen Geschlecht werden häufig bei geselligen Zusammenkünften an Sonntagabenden geknüpft. Hier sind die Jugendlichen unter sich, man singt gemeinsam und lernt sich im Gespräch näher kennen. Nicht-heterosexuelle Beziehungen stellen werden ausdrücklich tabuisiert. Im Durchschnitt heiraten die Amischen im Alter von zwanzig, wobei 90 Prozent der Hochzeiten kirchlich sind. Die Ehe gilt als Bund fürs Leben. Scheidungen sind daher nicht vorgesehen (vgl. Ester, 2005, S.98f.).

Das Eheleben selbst ist eher von Zurückhaltung geprägt als von romantischen und liebevollen Gesten. Gemäß des amischen Glaubens ist die Frau dem Manne Untertan. Die Familienstruktur ist patriarchalisch geprägt. Dennoch bedeutet die nach westlichen unseren Maßstäben nicht erfolgte Emanzipierung der Frau keineswegs deren Nichtachtung oder Unterdrückung durch den Ehemann. Im Gegenteil ist das Eheleben durch ein hohes Maß an Respekt füreinander geprägt. Jeder Partner übernimmt bestimmte Aufgaben und bringt sich auf diese Weise in die Familie ein. Für die Frau schließt dies unter anderem das Aufziehen der Kinder, die Zubereitung der Nahrung, die Pflege des Obst- und Gemüsegartens, sowie die Herstellung von Handarbeiten wie den

Quilts, welche verkauft werden und damit zum Familieneinkommen beitragen. In allen diesen Tätigkeiten ist sie eigenverantwortlich und selbst bestimmt (vgl. Ester, 2005, S.99).

6. Siedlungsgebiet der Amish People

6.1 Bedeutung des Siedlungsraumes und Bevölkerungszahlen

Es ist fraglich, ob die amische Glaubensgemeinschaft bis heute Bestand hätte, wenn sich nicht eine Großzahl amischer Familien im 18. und 19. Jahrhundert zur Emigration nach Nordamerika entschieden hätte. Die hier gegebenen Lebensbedingungen förderten ihr religiöses und wirtschaftliches Gedeihen. Zudem bot die aufgrund der freien Verfügbarkeit von Land gegebene geographische Nähe die optimale Voraussetzung für das Entstehen einer autarken, homogenen Gemeinschaft. Ansonsten wären die Amish People im Laufe der Zeit vielleicht durch einflussreichere Bewegungen oder kirchliche Einflüsse assimiliert worden (vgl. Vossen, 1992, S. 41f.). So geschehen bei den rund 2000 Amischen Glaubensbrüdern und -schwestern, welche in Europa verblieben. Es gelang Ihnen nicht, ihre eigene Identität zu bewahren und ihren Glauben vor äußeren Einflüssen zu schützen. Sie gingen schließlich in andere Gruppen über und bis zum Jahr 1937 hatte sich auch die letzte Glaubensgemeinde in Zweibrücken-Ixheim aufgelöst. Folglich gibt es heutzutage in Europa keine Amischen mehr (Ester, 2005, S. 45).

Im Jahr 1989 siedelten die Amish People in insgesamt 20 amerikanischen Bundesstaaten und einer kanadischen Provinz, wobei die Größe der jeweiligen Siedlungsgebiete erheblich schwankt. Sie reichen von einem Gemeindedistrikt in Montana bis hin zu über 200 Gemeindedistrikten im Bundesstaat Pennsylvania. Zu den größten zusammenhängenden amischen Siedlungsgebieten gehören Holmes County im Bundesstaat Ohio, Lancaster County in Pennsylvania, sowie LaGrange County in Indiana (vgl. Vossen, 1992, S. 42).

Die Amische Bevölkerung selbst ist nicht bereit, eine eigene Bevölkerungsstatistik zu führen (vgl. Vossen, 1992, S. 42). Dem US amerikanischen Bundesbüro zur Durchführung von Volkszählungen ist es gemäß § 94-521 nicht gestattet, in seinen Bevölkerungsstatistiken und in der alle zehn Jahre stattfindenden Volkszählung, Daten über Religionszugehörigkeit zu erheben (US Census Bureau, 2005, Online im Internet). Schätzungen gehen davon aus, dass seit den 1990er Jahren über 100.000 Amische in den Vereinigten Staaten ansässig waren. Der mit Abstand größte Anteil sind die *Old*

Order Amish, welche nach strengen traditionellen Regeln leben. Etwas progressivere Spaltergruppen wie die *Beachy Group Amish* und die *New Order Amish* weisen kaum nennenswerte Bevölkerungszahlen auf (vgl. Vossen, 1992, S. 43).

6.2 Siedlungsstruktur bei den Older Order Amish

Es gibt in den USA insgesamt mehr als 250 amische Siedlungen, die oftmals aus mehreren Gemeinden bestehen. Ihre Größe beziehungsweise die Anzahl der zu einer Siedlung gehörigen Familien variiert dabei stark. Es kann sich um einige Dutzend, aber auch um einige tausend Familien handeln. Die beiden größten Siedlungen sind Lancaster County in Pennsylvania und Holmes County im Bundesstaat Ohio (vgl. Ester, 2005, s. 57).

Die Grundeinheit der amischen Siedlungsstruktur bildet der Kirchenbezirk beziehungsweise die Gemeinde. Zu ihr gehören zwischen 20und 40 Familien. Sollte die Anzahl der Kirchenmitglieder die sonntäglichen Unerbringungsmöglichkeiten überschreiten, so werden Gemeinden mitunter auch geteilt (vgl. Ester, 2005, S.58). Abbildung 8 zeigt die relative Anzahl der Amischen Gemeinden pro Bundesstaat.

Abb. 8: Amische Gemeindedistrikte in den USA

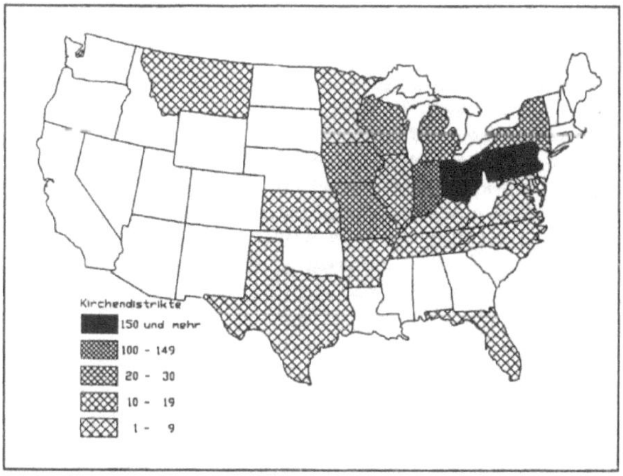

Abb. 3: Amische Gemeindedistrikte in den USA
Quelle: Eigener Entwurf nach Daten aus DER NEUE AMERIKANISCHE
        CALENDER 1989

Die nächst höhere Instanz ist die Affiliation, worunter man mehrere geographisch und geistig miteinander verbundene Gemeinden versteht, die oftmals Prediger austauschen und einen gemeinsamen Konsens darüber haben, welche Gemeindemitglieder verbannt sind und damit gemieden werden sollen (vgl. Ester, 2005, S.58).

7. Wirtschaftsraum und Wirtschaftsweisen der Amish People

7.1 Grundlegendes

Aus Glaubensgründen bekleiden die Amish People eher traditionelle Berufe in der Landwirtschaft, Viehzucht und im Handwerk (vgl. Ester, 2005, S.49). Wie jeder Bürger in den USA sind auch die Amischen von allgemeinwirtschaftlichen Aufschwüngen und Depressionen betroffen. Gerade die Entwicklung des Agrarsektors hat großen Einfluss auf die ökonomische Entwicklung dieser stark agrarisch geprägten Gemeinschaft. Steigende Bodenpreise, konkurrierende weltliche, landwirtschaftliche Unternehmen und das Verbot, moderne Maschinen zu verwenden bedrohen die Existenz der Amish People. Das touristische Interesse an ihrem Alltag brachte für die Amischen nicht nur finanzielle Einkünfte, sondern auch Ärger und Einschränkungen mit sich. Mittlerweile arbeiten amische Mitbürger auch in Bereichen außerhalb ihres familiären Umfeldes, da ihre Versorgung andernfalls nicht gewährleistet wäre (vgl. Ester, 2005, S.51ff).

7.2 Tourismus

Touristische Aktivitäten in von Amischen bewohnten Siedlungsgebieten gewinnen immer mehr an Beliebtheit. Mit rund 4 Millionen Besuchern pro Jahr und einem Finanzvolumen von 1.2 Milliarden US Dollar kann man die Tourismussparte ‚Amish People' in Lancaster County klar als unabhängigen Businessbereich und nach der Landwirtschaft als zweitwichtigste Industrie identifizieren. Das speziell hierfür eingerichtete Informationszentrum, das *Pennsylvania Dutch Convention & Visitors Bureau*, beantwortete allein im Jahr 1998 500.000 Emailanfragen und stellte 325.000 Besuchern vor Ort seine Dienste zur Verfügung. Touristenführer verkaufen sich millionenfach und die Internetauftritte zum Thema Amish People erfreuen sich hoher Besucherzahlen. Wenn man genauer hinsieht steht die Art der Vermarktung des Tourismusproduktes im starken Gegensatz zu dem, was Amische Lebensweise ausmacht. Doch man hat sich arrangiert und die durch den Tourismus erzielten Einnahmen haben heute einen nicht gerade geringen Anteil am Einkommen der

Amischen. Sie gewähren Einblicke in ihre Kultur und verkaufen dadurch ihre Produkte
(vgl. Ester, 2005, S. 129ff). Die Faszination der Touristen scheint in einer Mischung aus
Neugier, Identitätsfindung und einer Suche nach dem einfachen, geborgenen Leben
begründet zu sein. Man sehnt nach längst vergangenen Zeiten (vgl. Ester, 2005, S.134).

7.3 Tiefgreifender Existenzwandel: Vom Bauern zum Unternehmer

In der Literatur finden sich oft sehr genaue Daten zu den Vorgängen in Lancaster
County. Sie gehört zu den größten amischen Siedlungen und wurde von einer Vielzahl
an Wissenschaftlern eingehend untersucht. Daher soll im Folgenden die ökonomische
Entwicklung der Amish People in diesem Siedlungsgebiet näher erläutert werden.
Lancaster County hat sich in den vergangenen zwei Jahrzehnten in wirtschaftlicher,
industrieller und landwirtschaftlicher Hinsicht positiv entwickelt. Gründe hierfür sind
neben der Nähe zu großen Städten wie etwa Washington oder News York, der
ausgeprägte Arbeitsethos und die wachsende Tourismusbranche. Folge hieraus ist eine
wachsende Anzahl an Betriebsneugründungen und steigende Bevölkerungszahlen.
Insgesamt beläuft sich die Bevölkerungszunahme auf 25% zwischen 1980 und 2000
(vgl. Ester, 2005, S.145ff).
Die hieraus resultierenden steigenden Bodenpreise – von 4.500 Dollar pro Acre in den
1980er Jahren auf circa 10.000 Dollar pro Acre zu Beginn des 21. Jahrhundert - führen
dazu, dass immer mehr amische Bauern nicht mehr profitabel arbeiten können und sich
anderweitig beruflich orientieren müssen. Weniger als fünfzig Prozent der männlichen
Amischen arbeitet heute noch auf einem Bauernhof. Diese Entwicklung stellt sich
allerdings als problematisch für die Absonderungsbemühungen der Amischen dar.
Zudem ist die Bauernexistenz essentieller Bestandteil der amischen Kultur. Aufgrund
der stark angestiegenen Geburtenrate innerhalb der amischen Gemeinde reicht ein Hof
meist nicht mehr für die Versorgung der ganzen Familie aus. Geburtenkontrolle ist aber
nicht erlaubt. Weltliche Projektentwickler und Investoren nehmen jedoch immer
größere Gebiete für ihre hochprofitablen Vorhaben ein. Als Folge dessen sind mehr und
mehr Amische gezwungen zum Zweck der Berufsausübung das familiäre, kulturelle und
traditionelle Lebensumfeld zu verlassen und Kontakt zur Außenwelt zu suchen
beziehungsweise in günstigere Bundesstaaten zu emigrieren. Migration wird jedoch von
der Kirche nicht gern gesehen, da die Kohäsion der Gemeinschaft geschwächt wird.
(vgl. Ester, 2005, S.146ff).

Mehr und mehr Amish People haben sich in den letzten Jahren selbstständig gemacht. Unter anderem haben sie Ladengeschäfte gegründet, in denen sie ihre Produkte an Touristen verkaufen oder wie bereits erwähnt Werkstätten eröffnet, in denen Möbel, Spielzeug und Gartenhäuschen aus Holz angeboten werden. Alle hierfür benötigten Geräte werden durch hydraulischen Druck und Luftdruck betrieben. Ein Fünftel der Betriebe und Läden wurde von Frauen gegründet. Insgesamt sind in 75% der neuen Unternehmensgründungen nicht mehr als zwei Vollzeitarbeiter tätig und die Verkaufs- und Handelstätigkeit ist zumeist auf Lancaster County begrenzt. Zum Kundenkreis gehört sowohl amische als auch nicht amisches Klientel. In die Metropolen exportierte amische Waren verkaufen sich gut und können wohl mit dem Label *simple chic* belegt werden (vgl. Ester, 2005, S.149ff).

8. Ausblick

Entscheidend bei der Betrachtung des amischen Kulturraumes und seiner offensichtlichen Eigenheiten ist es, zu erkennen, dass jedes Mitglied der Amischen trotz der inneren Verbundenheit mit der Gemeinschaft, ein eigenständiges Individuum ist. Es sind Menschen, die sich bewusst und selbstverständlich auch durch den Einfluss ihrer Erziehung und Umgebung für ein Leben abseits des amerikanischen *Mainstreams* entschieden haben. Auch wenn ihre Lebensweise einem kapitalistischen geprägten und weniger religiösem Menschen seltsam anmuten mag, so ist er doch verpflichtet ihre Daseinsberechtigung anzuerkennen. Die Tatsache, dass die Amischen es bis zum heutigen Tag geschafft haben, ihren Traditionen und Wirtschaftsweisen treu zu bleiben und ihren separaten Kulturraum zu bewahren, verdient Anerkennung. Ohne pathetisch klingen zu wollen, muss man doch anmerken, dass eine Reihe der von den Amischen streng befolgten Grundwerte durchaus erstrebens- und nachahmenswert sind. Ihr religiös motivierter ‚Kommunismus' hat seit mehr als 250 Jahren bestand, eine Zeitperiode, die kaum ein anderes politisches System bisher Bestand gehabt hat.

Miller (1983, S.5), selbst ein Mitglied einer Amischen Gemeinde in Ohio, stellt in seiner Veröffentlichung etwas Entscheidendes fest: „We do it not to be contrary [...] – but to be ourselves." Die Amisch pflegen ihre Lebensweise nicht um der Andersartigkeit willen, sondern weil sie einfach sie selbst sein wollen.

Über die Jahrhundert hinweg kam es innerhalb der amischen Gemeinschaft immer wieder zu Meinungsunterschieden und Abspaltungen. Die letzte war die der New Order Amish in den 1960er Jahren (Ester, 2005, S.53). Dies zeigt deutlich, dass es sich bei den

Amischen um eine Gemeinschaft handelt, die aktiv über die Gestaltung von Alltag, Glauben, moralischen Grundsätzen und Wirtschaftsweisen reflektiert.

Zurecht stellt Ester (2005, S.54) fest, dass „die Amish Meister in kultureller Abgrenzung und Auseinandersetzung" sind. Die entscheidende Frage ist jedoch, welche soziokulturellen Folgen der Wandel im Berufsbild der Amischen in der Zukunft haben wird. Kann der geschlossene Charakter der Gemeinschaft beibehalten werden. Mit der neuen Geschäftstätigkeit hat eine neue Phase in der Geschichte der Amischen begonnen, die sich eindeutig durch kultursoziologische Modernisierungstendenzen auszeichnet. In der Außenwelt längst diskutierte Begrifflichkeiten und Themen wie Industrialisierung, Marktsegmentierung, Rückgang der Beschäftigung im Agrarsektor, Urbanisierung und Bürokratisierung gewinnen in der amischen Realität immer mehr an Bedeutung. Eine natürliche Entwicklung ist das Ineinandergreifen von struktureller und kultureller Modernisierung. Die Entwicklung einer Konsumkultur, politische Partizipation und die Bildung von Interessensgruppen scheint unausweichlich, steht jedoch in unmittelbarem Kontrast zur bisherigen religiösen und kulturellen Lebensweise der Amish People. Es ist davon auszugehen, dass sich tief greifende Veränderungen in den Bereichen Absonderung, Individualisierung und Ungleichheit, moderne Betriebtechnologie, nicht vermeiden lassen, auch wenn die *Ordnung* dies nicht vorsieht (vgl. Ester, 2005, S.152ff).

Hieraus ergibt sich die drängende Frage, ob die Tradition und Kultur der Amish People nach und nach in absehbarer Zeit aus dem Kulturraum USA verschwinden wird. Ester (2005, S.165ff) sieht drei verschiedene Lösungsansätze, die letztlich zu einem Fortbestehen eines Teils der Amish People führen werden. Er geht davon aus, dass die Migration in Gegenden mit bezahlbaren agrarischen Flächen wie beispielsweise den Bundesstaat Kentucky zunehmen wird und hierdurch die Bauernexistenz und die Amische Kultur bewahrt wird. Progressivere Amische werden jedoch in die amerikanische Gesellschaft assimiliert werden. Eine dritte liberale Gruppe, zusammengesetzt aus Unternehmern und Bauern, wird einen Mittelweg zischen Modernisierung amischer Lebensweise bevorzugen und somit Züge ihrer Kultur weiterführen. Ester geht jedoch nicht davon aus, dass sich diese Entwicklung kurzfristig vollziehen wird. Vielmehr geht er davon aus, dass sich die nächste Generation der Amish People, welche sich mit der Konsolidierung des Unternehmertums und einer sich dadurch verändernden amischen Lebenssituation konfrontiert sieht, diese Entwicklung vorantreiben wird.

9. Literaturverzeichnis

- Ester, Peter (2005): Die Amish-People. Überlebenskünstler in der modernen Gesellschaft. Düsseldorf: Patmos Verlag.

- Hosteler, John A. & Huntington, Gertrude (1970): Children in Amish Society. Socialisation and Community Education. New York: Holt, Rinehart and Winston Inc.

- Merk, Kurt Peter (1986): Die Amish People. Modell einer alternativen Lebensform. Frankfurt am Main. In: Europäische Hochschulschriften. Reihe 31, Politikwissenschaft, Band 85.

- Merten Rechlin, Alice Theodora (1976): Spatial Behaviour of the Old Order Amish of Nappanee, Indiana. Michigan: Michigan Geographical Publications.

- Miller, Levi (1983): Our People. The Amish and Mennonites of Ohio. Scottdale (Pennsylvania): Herald Press.

- Tortora, Vincent (1967): The Pennsylvania Durch Country and Amish Land. Lancaster: Photo Arts Press.

- Vossen, Joachim (1992): Religions- und wirtschaftsgeographische Signifikanz einer religiösen Gruppe im Kräftefeld der amerikanischen Gesellschaft. Die Amischen Alter Ordnung in Lancaster County, Pennsylvania. Aachen: Technische Hochschule.

- Weber, Jürgen (1996): Die Altamischen in Kanada. Geschichte und sakralisierte Identität einer weltabgewandten religiösen Gruppe. Hamburg: Verlad Dr. Kovac.

Internet:
- US Census Bureau (2005): Question & Answer Center – Information on Religion. Online im Internet: http://ask.census.gov/cgi-bin/askcensus.cfg/php/enduser/std_adp.php?p_faqid=29&p_created=107473280 6&p_sid=tGyvPkSh&p_lva=&p_sp=cF9zcmNoPTEmcF9zb3J0X2J5PSZwX2d yaWRzb3J0PSZwX3Jvd19jbnQ9MSZwX3Byb2RzPSZwX2NhdHM9JnBfcHY 9JnBfY3Y9JnBfcGFnZT0xJnBfc2VhcmNoX3RleHQ9QW1pc2g*&p_li=&p_to pview=1. Stand: 17.10.2005.

- Rhein Zeitung Online: Die Amischen. „Narren Gottes" oder letzte ehrliche Christen?. Online im Internet: http://rhein-zeitung.de/old/97/06/03/topnews/amisch.html. Stand: 14.09.2005.

10. Abbildungsverzeichnis

- Abb. 1: **Das Dordrechter Glaubensbekenntnis**.
  In: Vossen, Joachim (1992): Religions- und wirtschaftsgeographische Signifikanz einer religiösen Gruppe im Kräftefeld der amerikanischen Gesellschaft. Die Amischen Alter Ordnung in Lancaster County, Pennsylvania. Aachen: Technische Hochschule. S. 96, eigene Darstellung.

- Abb. 2: **Der Amische Entwicklungsprozess bis zur Taufe**.
  In: Vossen, Joachim (1992): Religions- und wirtschaftsgeographische Signifikanz einer religiösen Gruppe im Kräftefeld der amerikanischen Gesellschaft. Die Amischen Alter Ordnung in Lancaster County, Pennsylvania. Aachen: Technische Hochschule. S. 133.

- Abb. 3: **Spaltungen innerhalb der Amischen Alter Ordnung**.
  In: Vossen, Joachim (1992): Religions- und wirtschaftsgeographische Signifikanz einer religiösen Gruppe im Kräftefeld der amerikanischen Gesellschaft. Die Amischen Alter Ordnung in Lancaster County, Pennsylvania. Aachen: Technische Hochschule. S. 43.

- Abb. 4: **Amische Frauenbekleidung**.
  In: Vossen, Joachim (1992): Religions- und wirtschaftsgeographische Signifikanz einer religiösen Gruppe im Kräftefeld der amerikanischen Gesellschaft. Die Amischen Alter Ordnung in Lancaster County, Pennsylvania. Aachen: Technische Hochschule. S. 162.

- Abb. 5: **Amische Männerbekleidung**.
  In: Vossen, Joachim (1992): Religions- und wirtschaftsgeographische Signifikanz einer religiösen Gruppe im Kräftefeld der amerikanischen Gesellschaft. Die Amischen Alter Ordnung in Lancaster County, Pennsylvania. Aachen: Technische Hochschule. S. 164.

- Abb. 6: **Amischer Buggy und Pferd**
  Star Cross (2005): Amish People – Leben wie zu Urgroßvaters Zeiten. Online im Internet:http://www.zeitung-hk.de/wp-content/files/amish_buggy_stockxchng.jp. Stand: 28.9.2005.

- Abb. 7: **Traditionelle amische Farm**.
  Amish Delights (2005): Hand Crafted Heirlooms. Online im Internet: http://www.amishdelights.com/AmishFarm2.jpg. Stand: 25.9.2005.

- Abb. 8: **Amische Gemeindedistrikte in den USA**.
  In: Vossen, Joachim (1992): Religions- und wirtschaftsgeographische Signifikanz einer religiösen Gruppe im Kräftefeld der amerikanischen Gesellschaft. Die Amischen Alter Ordnung in Lancaster County, Pennsylvania. Aachen: Technische Hochschule. S. 42.